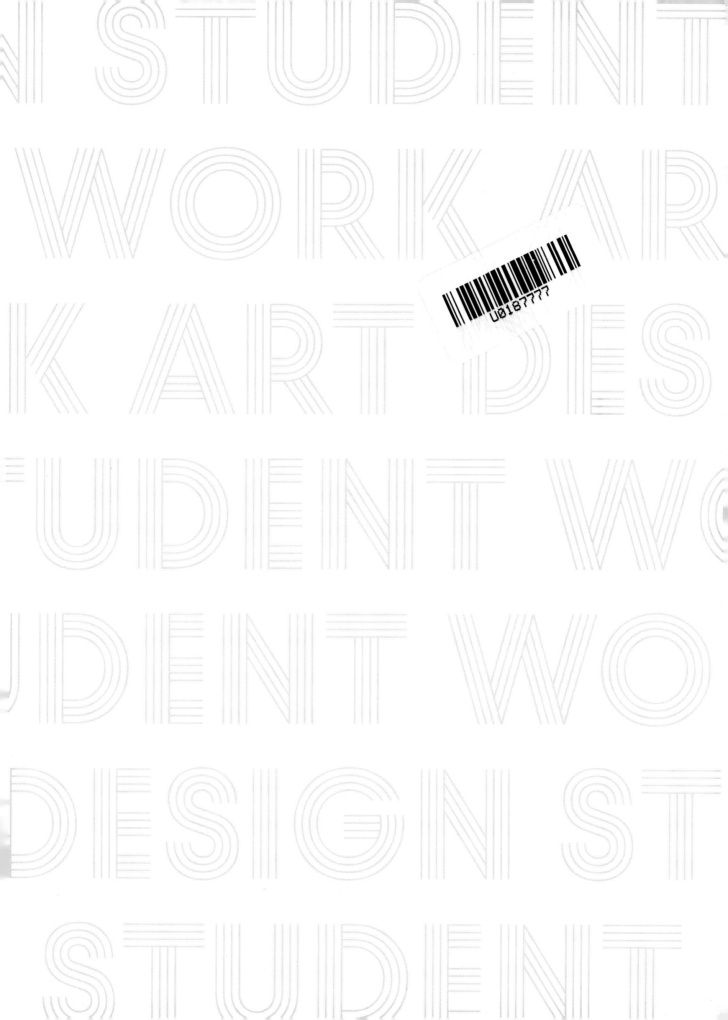

运动N次方

中华女子学院艺术学院
运动装创新设计优秀作品集

王露　主编

id

中国纺织出版社有限公司

国家一级出版社
全国百佳图书出版单位

■序

　　自2013年中国国际大学生时装周举办以来，每年的毕业季，这个平台上聚集了来自国内数十所、国外若干所知名服装类高等院校本科生及研究生。各种教育思想、教学理念、教学方法和人才培养模式、人才培养成果在这里相互交流、相互切磋，向社会展示，可谓各具特色，各显优长，精彩纷呈。

　　在这些高校中，中华女子学院艺术学院的毕业作品与众不同，独树一帜：她们没有过分地强调设计的艺术性，也不去追求那些令人瞠目的前卫感，而是把目光聚焦于服装的功能设计上，自2016年以来，连续五年以功能性运动装设计为主题，组织毕业生深入市场、用户和相关生产企业，有针对性地进行市场调研，分析人体运动机能和各种运动对服装的功能需要，将可持续性理念融入运动装的外观设计、板型设计、材料选择、加工工艺和各种细节设计中，体现了独到的设计理念。与大多数院校的模拟设计作品不同，这些毕业作品更加务实，更加接近市场，经历这样的磨砺，每一位同学的收获亦应极为充实，这为其今后在设计岗位上的成长打下坚实基础。

　　我认为设计是一种创造，但不是发明，不是从无到有，是在前人基础上的改良和创新。

　　设计追求原创，但不仅仅是"改变"，也不是为改变而改变，更不是变得越厉害、越离谱就越"有设计感"。设计要解决实际问题，有明确的目的，不是为了"抓眼球"而设计。

　　所有的设计都是有限定条件的，服装设计更是如此，为谁设计，为其在什么场合干什么穿用而设计，拟使用什么材料，如何加工等这些都是限定条件。无视这些限定条件所做的设计不是真正的设计，没有任何价值！设计追求美，讲究艺术性，但所有的设计都更讲究"用"，要能解决生活所需！因此，设计是一种有限定条件的"命题创作"，不是随心所欲的情感渲泄！这也是设计与艺术的本质区别。

　　在日常生活中，设计往往是一种选择，是针对目标市场需求，根据限定条件，基于以往的经验、教训，经过艰难的取舍，对解决方案的一种选择！在一定程度上，设计是一种资源整合和重组。因此，设计不仅需要灵感启发和艺术感觉，更需要理性分析和科学决择！

　　中华女子学院艺术学院学子们的毕业设计是对设计人才培养模式和过程的有益尝试。这里汇集她们的教学成果，接受社会检验，与同行交流，期望引起关注，得到指导。

清华大学教授、博士生导师，清华大学学术委员会主任委员
前清华大学美术学院院长、中国服装设计师协会主席

编者的话

2003年，艺术学院的运动装设计课程在全国率先开设，以关注运动健康为话题，通过挖掘运动装市场的巨大潜力来探讨设计未来。在不断进行教学改革和课程建设中形成了以实践为核心、拥有特色设计理念与方法的项目式设计课程，并于2020年被评为北京市一流专业课程。课程旨在实现教学内容的创新，提高教学的深度与挑战性，培养学生的设计创新和研究能力。2016—2020年，艺术学院服装与服饰设计专业连续五年在中国国际大学生时装周举办了以运动与功能为特色的毕业设计优秀作品发布会。五年来在国际化专业教师团队的指导下，同学们共展现了400余套优秀服装，这些作品是学生们在学习功能性服装设计项目课程后，结合每一年不同的毕业设计主题精心构思完成。以功能性服装设计为特色的毕业设计专场发布会，在中国国际大学生时装周屡获殊荣，并荣获第24届中国时装设计"新人奖"、"旭化成·中国未来之星设计创新大奖"、第24届和第25届中国时装设计"新人奖"优秀奖。本作品集的出版发行分享了运动装设计教学成果，有助于推动运动装设计实践与教学的发展。

健康不仅为运动装市场带来巨大的发展空间，而且正在成为各个行业相互交融的重要驱动力。中华女子学院在大学生时装周的舞台上展示功能性运动装设计作品，借助时尚与科技的力量，探索运动装设计与纺织科技、智能可穿戴、可持续时尚的深度融合。在坚持运动装设计要保证穿着的合理性，满足舒适性、保护性及运动自身规则和功效等因素的同时，还应满足人们对视觉美感与流行时尚的需要。功能性运动装既有特殊性也是时尚舞台的一份子，因此更需要设计师从用户角度出发，运用在功能与时尚上的创新来满足用户的需求，这是对设计师的一种挑战，也是我们培养学生的初衷，更是以运动装作为大学生时装周主题发布的原因。

如何用创新思维培养运动装设计人才，我们从以下三个维度进行了探索。一是激发学生对运动装创新设计的兴趣，培养中国运动装设计的原创力量。二是通过合理的研究方法和创新思维，让学生锁定使用者的需求，回归设计的本质——以人为本，解决问题，满足需求，实现梦想。三是让设计的新生力量在展现创意思维的同时，也能掌握纺织材料、制作工艺等技术手段，学会正确运用技术助力运动装创新设计。

在老师专业的指导和学生的不断努力下，这些优秀作品具有以下特点。一是能够跳出二维视角下的图形与配色设计的局限，针对三维人体在运动状态下的特点进行创新设计；二是在设计作品时能够将可持续理念融入视觉的表达、材料的环保、裁剪与制作的技术及产品生命周期的一系列环节中，让设计具有可持续时尚之美；三是作品能够在细节上更具有诚意与包容之心，真正为热爱运动的人设计，而不仅仅是在T台上匆匆而过。

　　特别致谢尊敬的李当歧教授——我大学时代的老师，也是中华女子学院的特聘教授，是李老师将服装设计要满足穿着需求的种子埋在我心中，学生时代在老师带领下参观功能服装实验室，模拟（暖体）出汗假人的情景还历历在目。感谢您对我们专业特色发展的谆谆教诲！

　　感谢尊敬的简·麦坎教授，我的英国导师和挚友。二十多年前的一次相见恨晚的谈话就将我带入一个全新的未知领域，在功能性运动装设计、包容性设计、可持续设计的领域一直教导和督促我不断进步和成长。也感谢八年来，每一个春天，学院教室里都有她认真教学的身影，她的严谨、勤奋感动并激励着我们的老师和同学们。

　　坚持以用户为中心的设计原则，通过探究、创新、评估的设计环节进行功能性运动装的创新研发，走在一条不断探索、不断完善的设计实践之路上，希望在今后有更多的朋友同行，分享更多的发现和欣喜。

中华女子学院艺术学院　院长

视频目录

目录

冬奥畅想
回到地球

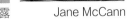
王露　　　　Jane McCann

范晓虹　　　孙超　　　刘洁　　　张婷婷　　　翟慧

回到地球　冬奥畅想

2020年度优秀设计作品

　　2020届服装与服饰设计专业毕业设计主题为"Down to Earth 回到地球，冬奥畅想"。以回到地球为冰雪世界而欢腾为创意，用可持续时尚设计理念展示三个方向的设计：冰雪竞技，赛场实况——展现不同项目的比赛服装和志愿者服装；冰雪之魅，荣誉之巅——展现参赛选手各式领奖服和热爱冰雪运动的体育迷服装；冰雪世界，奇幻想象——展现冬奥庆典各种充满创意的表演服装。

　　从深入研究与分析冰雪运动特点开始，以用户的需求为核心，将设计概念进行延展，设计出富于创意并符合运动特色与需求的运动装。作品通过多次的尝试与实验体现出服装的款式、色彩、材料、工艺等元素的功能与美的平衡。同时通过毕业设计的实践活动强化学生的创意思维能力、计划与执行能力、沟通与协调的能力。一直坚持用设计思维探索应用型服装的设计可能性，是我院在大学生时装周上的亮点。设计作品突出科技特色，坚持功能优先原则，坚守可持续设计理念，与潮流紧密结合，更突出地展现中国特色。

坠落极地——2022年北京冬奥会系列设计之越野滑雪服饰设计

最佳毕业设计奖 / 2020中国国际大学生时装周专项奖"男装设计奖"
第25届中国时装设计"新人奖"优秀奖 / "乔丹杯"第十四届中国运动装备设计大赛铜奖

FUTURE SYMBIOSIS

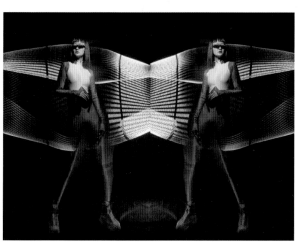

设计师 / 孙墨然
指导老师 / 王露

　　在真实与虚拟的界限日益模糊的今天，虚拟数字世界的故障不断、现实世界自然环境严峻，设计师尝试探索二者之间的平衡，寻求未来共生。以"全球气候变暖带来的环境变化状态"作为灵感来源，在虚实之间，试图与未来世界进行一次超现实的服装对话，融合现代科技和自然力量，探讨服装与人、与环境之间该如何平衡相处，演绎不同材质、表面肌理、形态，创造激进、硬核、可持续、呈现未来感格调的越野滑雪相关运动服。

两端——2022年北京冬奥会系列设计之单板滑雪运动爱好者服装设计

最佳效果奖 / 中国国际大学生时装周"最佳创意奖"
中国国际大学生时装周"服饰搭配奖"

设计师 / 王芊
指导老师 / 王露

　　通过对现在新青年滑雪方式、健康理念和审美要求的调研与分析，兼顾功能与审美，设计满足滑雪运动状态下人体需求及现代新青年心理的单板滑雪服，在服装结构上体现传统文化内涵，针对新青年单板滑雪运动的应用性进行设计和创新，模糊运动界限，关注多功能适应性，让滑雪服也可日常穿着。

适变——2022年北京冬奥会系列设计之志愿者服饰设计

最佳毕业设计奖
北京市优秀毕业设计

设计师 / 解静薇
指导老师 / 王露

　　该系列服装设计灵感来源于全球气温变暖，冰川加速融化，海平面上升，海洋生态环境遭到越来越严重的破坏，同时北极熊的生存环境也遭受到了严重的威胁，憨态可掬的北极熊濒临灭绝。该设计使用人造皮草代替天然皮草，并将功能性与审美性相结合，探索可持续设计在功能性运动装上的应用。

无羁——2022年北京冬奥会花样滑冰双人自由滑服装设计

最佳效果奖

设计师 / 张晓楠
指导老师 / 孙超

　　本设计的目标受众定位于年轻一代花样滑冰双人自由滑选手隋文静和韩聪，穿着场合定位于2022年北京冬奥会比赛。本次策划的核心理念源于《无羁》，设计一系列既能体现运动的功能性又给人一种中国水墨写意洒脱感的花样滑冰比赛服。在将中国传统水墨画意境赋予服装的同时，也将文化传承理念与现代运动相融合、传递。

燃梦腾飞——2022年北京冬奥会系列之空中技巧双板滑雪服设计

最佳效果奖

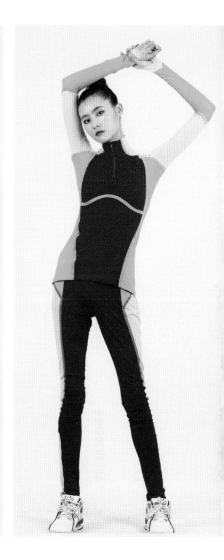

设计师 /翟莹雪
指导老师 / 范晓虹

　　主题选自中国古代神兽三足金乌，希望运动健儿们能够在比赛中像中国神鸟一样展翅遨翔，向着自己的梦想出发，取得优异成绩。通过服装表达出运动健儿们敢于拼搏、不断追求卓越的精神状态。同时，根据"回到地球"的毕业设计主题，在设计应用中将"可持续发展理念"与"中国元素"相结合，设计出真正被需要的服装。

艮龙掣

最佳表现奖

设计师 / 汤雨
指导老师 / 范晓虹

　　本系列作品深入了解功能性服装的设计特点与工艺制作要求，符合"回到地球"主题设计2022年北京冬奥会高山滑雪运动员系列服装。通过对专业市场、目标选手和运动姿态等综合调研分析，同时融入中国元素与可持续设计理念进行主题设计。为高山滑雪竞赛服通过层系统概念设计制作完成两套热身训练服、三件紧身连体赛服、一件大外套及中间层马甲。

未——2022年北京冬奥会系列之速滑运动爱好者服装设计

最佳效果奖

设计师 / 张盈盈
指导老师 / 孙超

　　本系列以即将举办的2022年北京冬奥会为背景，以速滑运动爱好者为目标群体，结合科技元素，设计了科技时尚且符合大众需求的速滑爱好者系列服装。速滑服选择专业的速滑面料（莱卡面料），结合人体曲线进行设计，减少运动过程中的阻力。外层进行羽绒服的设计，选择镜面TPU面料、珠光面料和反光面料，利用可反光缝纫线进行拼接绗缝，使其具有功能性的同时，又不失时尚性。

跃动——2022年北京冬奥会双板自由式滑雪U型池赛服设计

最佳效果奖

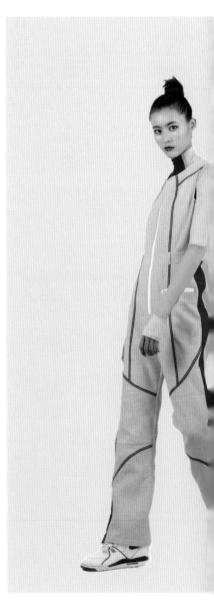

设计师 / 胡晓萌
指导老师 / 范晓虹

　　滑雪服的设计在考虑功能性、美观性的同时，还要思考如何抓住观众的眼球。功能需求是整个设计的核心所在，从"以人为本"的角度出发，要求保证面料和服装结构的功能性，满足滑雪服在不同场景的需求，降低人体运动受伤风险，符合防护性与人性化设计。设计在色彩上体现中国特色，面料上选择环保可循环利用面料，将可持续发展理念融入其中，赋予其更深的内涵。

蝶·茧——2022年北京冬奥会系列之开幕式表演服装设计

最佳表现奖

设计师 / 徐薇
指导老师 / 张婷婷

　　"素手把芙蓉，虚步蹑太清。霓裳曳广带，飘拂升天行。"敦煌飞天承载着千年来华夏文明对天空的憧憬和期盼。《蝶·茧》以"敦煌飞天"为主元素，通过轻盈薄纱交错堆叠、曲线剪裁营造出大漠敦煌的缥缈与飞扬，结合环保可持续面料制作的满足舞蹈需求的运动紧身衣，打造出一系列兼具文化色彩与功能性的表演服。《蝶·茧》也蕴含着对中国传统文化、航天科技、中国奥运传承和发展的崇敬。

OCEAN BEAUTY ——2022年北京冬奥会系列之双板滑雪体育迷服装设计

最佳表现奖

设计师 / 樊璟馨
指导老师 / 张婷婷

    功能性服装与运动装相结合、机能性设计与时尚印花相结合，融入了2022年北京冬奥会"绿色奥运"和"可持续"概念。以"模糊性别""一衣多穿""运动24小时"为设计理念，将中国传统的"冰裂纹"进行变形，并结合当代艺术中的抽象几何，创造出随机多边印花来贯穿整个系列——印花，也成为本次可持续性运动服装的设计灵魂所在。

形素——2022年北京冬奥会短道速滑专业比赛服设计

最佳效果奖

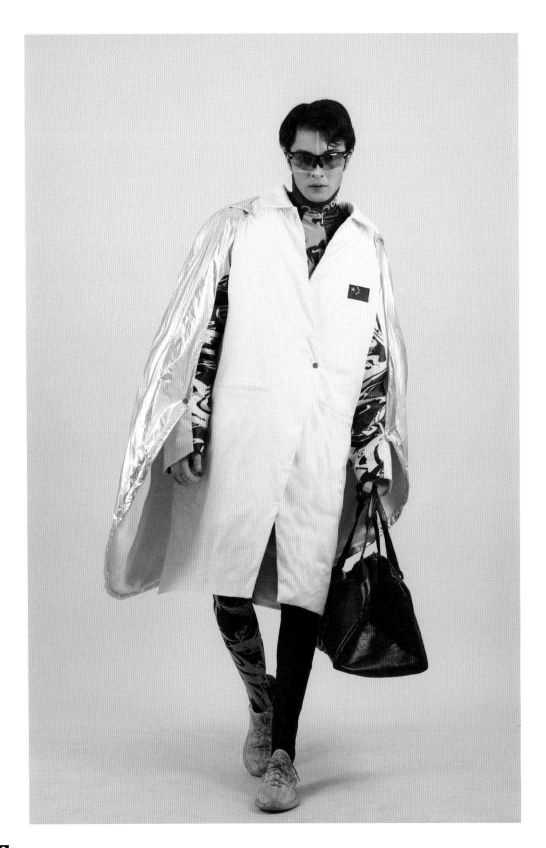

设计师 / 任薇

指导老师 / 刘洁

　　形速，寓意赛场上运动员的形体与速度的结合，首先通过服装直观地展现在人眼前，此时运动员的情绪和灵性与服装紧密结合在一起，成为一个整体。短道速滑的连体比赛服，其机能性是重点，运用结构变化可提高运动舒适度，能在一定程度上减轻运动带来的伤害。同时也要关注服装的国家代表性和观赏性，改变传统结构设计，融入可持续发展的理念，兼具比赛和日常穿着功能，减少服装浪费和替换。

铠旋乾坤——2022年北京冬奥会领奖服设计

最佳效果奖

设计师 / 陈静怡
指导老师 / 王露

　　"铠旋乾坤"指身披铠甲胜利归来的运动健儿。金庸云："侠之大者，为国为民"，运动员在赛场上代表祖国出征，取得荣誉，也是侠客精神的体现，将"花木兰"的元素运用到服装中，通过功能性服装体现中国文化，使服装具有标识感，增强审美性与互动性，运用环保面料，通过中国传统汉服设计、数码印花、刺绣等方式，向世界展现中国文化与奥林匹克精神碰撞出的火花。

光年

王露

Jane McCann

范晓虹

孙超

翟慧

刘洁

张婷婷

光年

2019年度优秀设计作品

随着科技从探索时代走向实现时代，火星探索从梦想走向实施，人工智能将影响人们的工作和生活。在下一个十年，服饰、汽车、家居中的任何纺织品，都将成为巨大互联系统中的一部分，该系统可监测健康状况、处理信息，技术颠覆了美的传统标准。运动装设计创新需要像功能性纺织技术的发展一样，展开时尚与科技的双翼为人们提供更具系统性和环保性的设计。

"光年"是2019年服装与服饰设计专业毕业设计主题。9.46万亿公里，是一光年的距离，主题光年意在"追逐创意之光"，走得更远，想得更远，探索设计的无限可能。老师与同学们倾注心血，精心打造功能性运动装系列设计，借助时尚与科技的力量，推动运动装设计与纺织科技、智能可穿戴、可持续时尚的深度融合，似光年深远。

随着健康的生活方式在人群中的广泛普及，运动装消费群体需求呈现多样性和个性化的特点，运动装设计与纺织科技和智能可穿戴、与街头时尚和奢侈品牌呈现出多样的组合方式。运动装设计以人为本的核心理念关注着运动前、运动中、运动后的全过程，关注着与生活方式的结合，思考着如何借助时尚与科技的力量让人们享受运动带来的愉悦。

本次发布会中，既有与时尚生活方式结合的运动与时尚类别，色彩以白色到银色为主（如室内健身服、跑步装、综合训练服、网球装、篮球装等）；也有与科技智能结合的运动与科技类别，色彩以银色到黑色为主（如旅行装、街舞服装、滑板服装、智能可穿戴服饰等）；更有引申至设计伦理与责任的环保绿色理念和关注弱势群体的包容性设计作品。

学生以"光年"为主题结合个人思考，从对用户需求的深入调研与分析开始，将核心的设计概念进行延展，通过系列服装作品进行呈现，设计出富于创意并符合用户需求的应用型服装。作品体现出服装的款式、色彩、材料、工艺制作等诸多元素在功能与审美上的平衡，特别突出服装结构的合理性和廓型，注重服装材料质地的选择与搭配。

初ORIGIN——篮球运动服装设计

最佳毕业设计奖 / 中国国际大学生时装周"市场潜力奖"
中国国际大学生时装周"旭化成·中国未来之星设计创新大奖"

设计师 / 于季琦
指导老师 / 王露

　　在这个科技发展迅速的时代，人类的生活水平有了质的飞跃，但科学的最后底线就在于不该挑战人性。服装设计以贴近生活为愿景，科技忠于服务生活，不忘初心、以人为本为初衷的年轻时尚，同时具有运动功能性。本系列设计欲呈现一种具有篮球风格但模糊运动界限，运动与生活可以自由切换的包容性设计。设计师从现代都市篮球爱好者的生活方式入手，结合舒适的有机形态的篮球运动轨迹，呈现出不一样的运动科技感。

"第二肌肤"——速滑服设计

最佳毕业设计奖

设计师 / 王金凤
指导老师 / 王露

    科技，是人的"第二肌肤"，过去和现在是，将来也会是。本系列灵感源自古代神话中的仙女嫦娥和现代"嫦娥"卫星，利用太空科技和嫦娥神话元素完成速滑服设计。作品是在考虑运动需求及人体需求的基础上，关注科学、专业运动，以及与生活相结合而设计的多功能服装，用建筑安全防护架构面料给予运动员身体保护，用专业的速滑面料减少风阻等，并在工艺上也体现着科技与专业服装的结合。

可持续时尚——成长性服装设计

最佳毕业设计奖

设计师 / 于蒲涟睿
指导老师 / 王露

　　青少年在身体成长过程中，运动需求极大，而服装产业每年每季产品的更新换代造成的资源浪费也是不可小觑的。关注运动需求与生活方式的结合，"用更科学的设计来减少运动过程造成的衣物损耗，延长产品的使用寿命，倡导环保可持续"是这一系列设计的目的。服装所用材料都是来源于再生纤维面料或废旧的面料、服饰、物品，保留废旧服装面料原本的功能性，提高利用率，制作过程尽量零废料。

重返未来——骑行服设计

最佳表现奖

设计师 / 程煦
指导老师 / 范晓虹

　　本设计将经典复古元素与科技未来感相融合，打造速度与时尚碰撞的视觉效果。结合骑行的运动需求，在后身适当加入放松量，使运动者能够做大幅度的身体前倾动作；受力较大的部位运用预成型处理来提高运动自由度；内层选择有一定压力的弹力面料，吸湿排汗；外套选用防风防水面料，再结合印花和肌理面料的使用，使其在具备功能性的同时又不失时尚感。

超英纪元——攀岩服装设计

最佳表现奖

设计师 / 杨敏
指导老师 / 范晓虹

　　人类不断进步的过程就是成为超英（超级英雄）的过程，攀岩服装的发展就像人类勇于自我挑战、成为超级英雄的发展，将攀岩服变得符号化、角色化、功能化也是超英们的服装需求。这个时代就是超英纪元，服装的符号化与功能化赋予每个人超英的"形象"。这个系列让攀岩服不仅仅只是简单的运动服，它可以是攀岩训练、表演，甚至是真正的超英服装，给攀岩行业带来更多视觉震撼。

方圆——女子团体太极服饰设计

设计师 / 杨若谷
指导老师 / 范晓虹

　　太极是一种有中华文化积淀、集养生与防身于一体的运动，目前已有若干高校开设相关课程。这项运动对女性的身体与健康有很大的好处，也具有较强的观赏性。传统太极服样式过于单一，也有不适于运动的地方。设计师对女子太极训练表演服饰进行了创新设计，改变了原有靠服装的宽松度解决人体活动量问题的部分，使用新的功能性面料，通过对不同部位的面料分配不同松量，解决人体运动需求的问题，满足视觉上的现代审美，使成品具有实际应用价值。

"自觉"——健身房综训服设计

最佳表现奖

设计师 / 刘璀
指导老师 / 孙超

　　本设计的出发点是基于运动服装功能性与美感相统一的理念，并且在可持续发展的大前提下，突破固有综训服装的颜色搭配及板型进行设计。因此，在充分调研的基础上融合现有矫正系列，以及收纳系列的可取之处，为了更加满足健身房综训，以及个人突破性设计的需要，设计出了一系列符合运动需求、注重功能性、关注健康、兼容收纳的新型功能性健身服，填补了市场的不足。

露营+攀登——户外运动服装设计

最佳效果奖

45

设计师 / 唐露露
指导老师 / 孙超

　　本设计将科技、自然和家庭结合，主题是向上而行。本设计运用的场景是一个家庭安排一个2~3天的短期
旅行，进行户外露营及攀岩运动，设计师为此设计一系列更加具有包容性的服装。此系列主要设计点是面料上
选择图案印花，结构上为可拆卸调节设计，带有自发光、自发热设计和反光设计，并根据身体机能不同，选择
不同结构方式进行搭配羽绒面料和复合面料，解决户外保暖、运动需求、具有警示效果的安全防护等问题。

静境——瑜伽服饰设计

最佳效果奖

设计师 / 胡晓焕
指导老师 / 孙超

　　该系列设计取"禅"宁静、质朴、本真之意，使人通过瑜伽这项运动进行减压，提高人们的精神境界，不受外界环境的影响，心无杂念。设计上打破了瑜伽服装的现状，希望拓宽消费者的选择领域。运用"荷花"外形进行衍生设计，如使用抽褶、不对称、不同肌理和不同透明度的面料表现荷花的意象，层叠穿搭表现行云流水的线条美，给人以"静境"状态下轻松自如的动感，并且具有一定的功能性，做到一衣多穿，便于混合穿搭和切换场合。

"随心"——休闲时尚网球服设计

最佳效果奖

设计师 / 张小羽
指导老师 / 范晓虹

　　本系列以女性为设计对象，裙装的设计采用不对称、紧身的廓型，这样既方便运动又体现了女运动员的个性美。外套的袖子是用比较有挺括感的太空面料做成的有机型袖，用以表现网球爱好者极具休闲时尚的风格。

Gap day——全天候长板运动服设计

最佳效果奖

设计师 / 朱玉竹
指导老师 / 范晓虹

　　Gap day又名"间隔日"，设计师以刚刚步入职场的青年男女为例，讲述"90后"白领的周末长板生活。全天候的长板运动意在涵盖这一运动的各个阶段，设计能够满足运动者不同阶段的生理和心理需求。"需求"是本次设计的关键点，同时结合"运动时尚"的概念，使服装具有一定的时尚性，在不运动时也能作为极具运动个性的时尚私服进行穿着。

城市流浪者——休闲露营装设计

最佳效果奖

设计师 / 张少红
指导老师 / 王露

　　随着露营活动越来越受欢迎，露营地数量逐年增加，许多年轻人喜欢参加音乐节或与朋友结伴郊游，在此背景下，设计师选择露营作为设计方向。同时，也关注到了一些社会问题，流浪汉是生活在城市边缘中的一个特殊群体，所以从公益角度出发，做人性化的设计。设计灵感来自一种"流浪汉秩序"，通过宽大廓型表现表象的外放感，利用西装衬衫等内搭设计展现内在的精致。

在路上

王露　　　　Jane McCann

范晓虹　　　孙超　　　　刘洁　　　　翟慧　　　　向东

在路上

2018年度优秀设计作品

　　"在路上"的设计主题是让学生围绕目前最受关注的健康课题，探索运动装设计创新的可能性。在健康的生活方式广泛普及、运动装消费群体需求呈现多样性和个性化的背景下，运动装的设计如何与多元的生活方式结合、如何借助时尚的力量"秀"出自己的光彩是本次毕业设计最为关注的问题。

　　本次发布会在运动装的丰富性上进行了试验性的探索，既包括具有较强专业性的网球装、跑步装、篮球装、骑行装等，也有与时尚生活方式结合的运动休闲类服装设计，如旅行装、街舞装、滑板服装、智能可穿戴服饰、游戏服装等，还结合 2018 年在俄罗斯举行的世界杯足球赛主题进行了相关衍生品设计。

　　就像中国运动装设计创新之路一直在探索和成长一样，服装设计人才培养一直在路上。通过不断地教学改革，艺术学院逐渐凝练出培养有宽阔艺术素养和精深专业能力的"T"型设计人才的培养目标，突出实践教学的核心作用，以培养知行合一的设计人才为育人理念。

　　通过课程体系的改革，艺术学院项目课程群对功能性服装设计方法、板型技术、材料和生产工艺等组合课程的学习，为学生顺利进入毕业设计阶段打下扎实的基础。此次发布会沿袭以往以人为本的核心理念，关注运动与生活方式的结合，思考如何借助时尚与科技的力量让人们享受运动带来的愉悦。

都市修行者——瑜伽服装设计

毕业设计作品一等奖

设计师 / 刘梦瑶
指导老师 / 范晓虹

　　随着健康和养生的生活方式持续渗入人们的生活，越来越多的人开始选择宽松的运动式家居服，自由切换于室内和室外之间。基于这一设计角度，本次的设计选择了瑜伽的冥想体式作为设计切入点，在款式上选择的是宽松和中式风格，在颜色上选取的核心色调为白色和宝蓝色，通过运用面料和款式的搭配来满足全天候的运动，同时加入中式图案让瑜伽辨识度更高。

破风之旅——骑行装设计

毕业设计作品二等奖

设计师 / 秦士靖
指导老师 / 王露

　　根据狂热骑行爱好者的装束风格，运用线面几何形拼接撞色，浓郁的紫色和沉稳的橘红色，搭配着充满活力动感的荧光黄，极具冲击力，更加适合于长途骑行需求。符合身体运动幅度的板型与面辅料的选择，结合骑行爱好者的运动防护来进行设计，整体简洁大方又有着令人无法忽视的细节特点。

旅行的意义——时尚舞板运动服装设计

毕业设计作品二等奖 / 中国大学生国际时装周 "市场潜力奖"

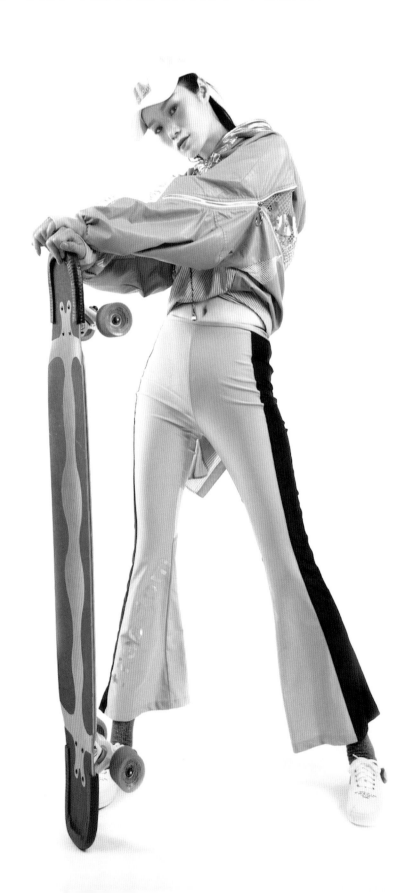

设计师 / 戴娜
指导老师 / 范晓虹

以城市穿梭和海岸线滑行为主题，讲述的是一个少女带着她的滑板去国外旅行的故事。

当她在城市穿梭的时候，摩登的气质、有型的建筑、艺术的氛围，可以描绘出一幅生动的图画——舞板上的这个城市更增添了一丝活力，在活力的同时却不失优雅；而她也放飞在海岸线上，她的心变得更加开阔，尽情享受粉色的沙滩，尽情释放自己的魅力。

旅行的意义——海岸线滑行

毕业设计作品二等奖

设计师 / 魏会容
指导老师 / 范晓虹

　　滑板是一项集竞技、健身、休闲娱乐等为一体的多功能运动。该系列设计以功能性为主，紧密配合时尚性，以此为初衷。通过对舞板运动的历史背景分析、市场调研、网络调研、舞板的运动特点以及运动员在运动过程中受到外界环境和自身运动所产生的生理反应等来进行设计，解决了排汗、透气、防晒等运动功能性的需求，使运动者能够更加舒适地享受运动的过程。

独行者的狂想——时尚功能性棒球服装

毕业设计作品二等奖

设计师 / 王佳琳
指导老师 / 范晓虹

　　"独行者的狂想"，想要表达一个小众群体在追求梦想的道路上努力前行的状态。将棒球器材中的编织元素运用到服装中，将棒球护具搭配到服装中；选用大的廓型，明亮的色彩带来视觉冲击力；更好地满足功能性与时尚性兼备的双重需求，用服装的语言展现棒球运动的魅力。

燃——机车服装系列

毕业设计作品三等奖

设计师 / 李赛
指导老师 / 王露

　　设计是为了解决问题，设计师坚信设计来源于生活，亲自体验骑行时的状态，深入调研骑行者们的需求。运用了面料再造的手法，增加服装的保护性；根据骑行姿态反复调整板型，使服装更加符合人体；将运动与时尚结合，采用流行元素，提高服装的时尚度，满足人们对时尚的追求。

幻野——街头篮球装设计

毕业设计作品三等奖

设计师 / 韩佳柠
指导老师 / 王露

　　本系列街头篮球装设计倾向未来主义格调，不规则轮廓，不对称剪裁。反衬运动的活跃，运动装采用阴郁的色板，风格炫酷，充满未来感，具有视觉冲击力。常规运动中的不常规着装，同样的性能夸张、强势、装饰和功能兼具备。以球场上成熟的红色作为搭配色，于主色之间再加一点点白银（彰显未来科技）的色彩来闪耀气氛，理想诠释运动的规律与时尚的撞击。

极速青春——双板滑雪服设计

毕业设计作品三等奖

设计师 / 王晨晨
指导老师 / 范晓虹

　　人们通过休闲体育和旅游的形式达到健身、休闲和放松的目的。越来越多的人选择参与到滑雪运动中来，滑雪服消费群体需求呈现多样性和个性化的特点，此设计是以双板滑雪运动者的需求进行的滑雪服设计。借鉴赛车风格，运用面料拼接、撞色，以蓝、白两色为主色，以荧光粉色为点缀色。采用绗缝方式丰富面料肌理，结合滑雪运动需求进行设计，满足滑雪爱好者的运动体验。

"时"用主义——中年慢跑系列服装设计

毕业设计作品三等奖

设计师 / 陈家颖
指导老师 / 向东

　　随着人类生命的延长，占中国劳动力人口近三分之一的中年人群，呈现出一种集体年轻化的现象。他们非常热爱运动，享受生活，富有朝气，他们需要新的服装形态来重塑形象。因而此设计在满足基本慢跑需求的同时，加入绗绣与可拆卸元素，打破过往呆板而保守的设计，满足中年人年轻化的需求。

波普一下——街头跑步服装设计

毕业设计作品三等奖

设计师 / 赵苏晗
指导老师 / 翟慧

　　慢跑轻型运动的普及流行，使很多年轻跑步爱好者在运动装上也想追求时尚、自我的穿着风格。近年来街装风靡，因此设计师以将功能性运动装与街头风格相结合的方式来满足喜爱街头风格的跑者的日常运动装需求。"波普一下"是本次的设计主题，从波普艺术中提取图案素材，结合目前市场流行趋势，运用街装和功能性运动装各自的设计要点，重新定义跑步运动装的外观。

星际迷航

毕业设计作品三等奖

设计师 / 王月
指导老师 / 刘洁

　　"星际迷航"系列带领人们感受真正的雅痞绅士，它是功能与时尚的结合体。既要满足其商务性，又要便于旅行。将科幻与服装相结合，带来了新的思路和新颖的想法，不仅满足客户的生理需求，也很大程度地满足了客户的心理需求。

互动

第十二届"乔丹杯"中国运动装备
设计大赛优秀奖

设计师 / 于季琦
指导老师 / 王露

　　本系列作品是设计师对夜跑感受的表达。在跑步过程中，跑步者可以感受到风的速度，看到树叶的摆动以及周围的影、空中的云和星星的移动。而这些事物的变化都是由于自己的运动而体会到的相互运动，把这种与自然的互动当作一种享受，让夜跑成为一种放松减压方式，从而改善日常忙碌带给人的疲倦、乏味。该系列整体色调明快，具有动感，焕发青春活力。

时·境——网球运动装系列设计

毕业设计作品一等奖
中国大学生国际时装周"市场潜力奖"

设计师 / 赵捷
指导老师 / 王露

　　"时·境"表示时过境迁，除了对网球历史渊源的致敬之外，延续并创新出更符合人体运动规律的作品，所以怀旧网球文化与展现街头装备的融会贯通成为设计关键。从网球场地的草坪到时尚街头，极具都市风范的运动造型无处不在，利用网球元素，再加上舒适度、功能性、多样化的服装基础，体现网球服装的新面貌。设计点在于宽大的廓型、抢眼的拉链以及撞色拼接，整体量感装束更具有结构感。

王露

Jane McCann

向东

范晓虹

刘洁

翟慧

2017年度优秀设计作品

　　"运动N次方"的设计主题是指当运动与健康、时尚、科技等今日倍受关注的话题相遇时所产生的N种可能性。当我们运用创新设计来满足这些多元的需求时，创意就发生了N次方的变化，呈现的是游走于功能与时尚之间的设计创意盛宴。

　　"运动N次方"体现了中华女子学院服装与服饰设计专业的特色定位，学院通过十余年对运动装设计教学模式的探索和专业化实践教学基地的建设，为学生完成"运动N次方"的主题打下了扎实的基础。学生在对运动装用户的着装需求与风格特点充分调研的前提下，突出科技、环保、健康、个性表达等元素对服装的风格与功能的影响，通过款式、结构、色彩、材料的合理运用完成设计作品。国际化教学团队的指导使时装作品更着眼于运动之美与功能合理性的交融，也着重突出设计的市场转化潜力。

极速捕获——传承

毕业优秀作品一等奖

设计师 / 石雪莹
指导老师 / 向东 王露 范晓虹

　　钓鱼运动的家族式传承，父亲是钓鱼运动的热爱者，儿子从小跟随父亲一起钓鱼体会到其中的乐趣，长大已养成习惯下班后、周末有时间就会去钓鱼，有了自己的孩子后他也想要这个小小的生命体会到爷爷和爸爸热爱的这项运动的乐趣。该服装充满功能性设计，设计师主要通过调研对该类人群的数据进行研究，结合现代服装设计概念，从而设计出这个系列的服装。

且听风吟

毕业优秀作品一等奖

设计师 / 董梦莹
指导老师 / 范晓虹

　　随着跑步这一时尚运动方式的普及，越来越多的人选择以跑步的方式来宣泄、释放内心的压力，基于这样一个设计视角的支持与刺激，此次采用不同的材料，延长服装的使用周期。该系列质轻便携式一衣多穿的时尚功能性慢跑服，能够满足跑步基本的排汗、透气、速干、防水等功能，同时兼具时尚个性化气息。

速度与激情

毕业优秀作品二等奖

设计师 / 郑含情
指导老师 / 范晓虹

　　借鉴街头滑板爱好者的装束风格，运用线面几何形拼接撞色，浓郁的黄色洋溢着活力动感，搭配黑、白两色极具冲击感，更加适合户外滑雪。宽松舒适的板型与面辅料的选择，结合了单板滑雪运动者的运动需求进行设计，达到全天候功能实用型单板滑雪服的效果。通过一系列的简约时尚设计和服装功能性的结合，达到人们在运动时对服装舒适性的要求。

悦·享

毕业优秀作品二等奖

设计师 / 申俪
指导老师 / 王露

    该系列为"运动N次方"室内慢跑系列服装设计。设计师针对大尺码人群对运动服装的需求及跑步服装进行了分析。该系列服装不仅在功能上满足了大尺码人群对于跑步服装的要求，而且在日与夜、休闲与正式之间的界线越发模糊，在办公室、健身房和派对之间完美过渡，同时表现了生命在于运动、越动越美丽、越动越快乐的运动理念，倡导人们能够悦纳自己，享受生活，将美观与功能相结合，提高服装的可穿性和使用率，达到更加绿色环保的效果。

未泽·抛光

毕业优秀作品二等奖

设计师 / 储侨 张文静
指导老师 / 范晓虹

    两位设计师一起探索了奢华类网球服装的设计。在乐观主义充沛的时代，设计师探索人类未来的一面，借用网球服装重焕光彩，日夜皆宜，富有科幻色彩。将运动元素与奢华质感结合在一起，让外形成为备受追捧的焦点，轮廓经由细致的塑造呈现出完美的设计感。"未泽·抛光"辅以更多时尚元素，注重运动前后的状态，营造闪亮、灵动的氛围，在运动后依然光彩照人，休闲时尚性与功能性并存。

都市白领健身跑

毕业优秀作品二等奖

设计师 / 冯征宇
指导老师 / 王露

　　该系列服装灵感来自设计师对高中校服的记忆，年少的我们由于爱美会把基础款的校服穿成各式各样。设计师在基础款服装上结合马拉松背包与弹性收纳袋的功能，设计满足都市通勤的、多功能穿着的实用运动风格男装。借鉴马拉松背包与弹性收纳袋原理，使服装在具有背包功能的同时尽可能与身体贴合，减少震动，方便出行。

朝圣之路

毕业优秀作品三等奖

设计师 / 贾楠
指导老师 / 王露

　　该系列为川藏线徒步运动装——根据川藏线环境、气候、人文等的调研，针对川藏徒步进行的运动装设计。面料采用防风雨面料使徒步者在小到中雨中依然能够前行；多处可以拆卸结构使一件衣服具有多种穿着方式，徒步运动者可以少拿衣物减轻负重；同时多口袋设计帮助穿着者更方便地拿取物品，隐藏口袋则可以防止财物丢失。在注重功能性的同时加入一些时尚元素，给徒步爱好者新的运动体验。

未来生存者——功能性科幻服装设计

毕业优秀作品三等奖

设计师 / 王缀
指导老师 / 王露

　　幻想中的2050年后，未来的世界护卫队——地球安全局，面临着肆意的环境污染、外星人的"威胁"、星际太空探索的任务。该系列灵感来源于未来主义，银河太空时代，《星际迷航》《星球大战》这类科幻电影，启发着设计师在未来的世界里畅想与展现未来科技对人类服装与服饰文明的创新和重构。将科技美学融入运动装之中，针对未来主义设想，开发具有防卫性、生存性、多功能的、具有未来感太空感的服装产品。

随心而动

毕业优秀作品三等奖

设计师 / 邓二令
指导老师 / 刘洁 王露 范晓虹

　　本系列设计灵感来源于街头文化，元素提取自街头流行的英文字母，展现随性张扬的个性。采用黑色作为主色调，橙色为调和色，银色为点缀色，让整个系列看起来更具青春活力；该系列采用宽松板型设计，目的是让运动者轻松完成各式各样的动作；内搭T恤和裤子的面料采用了丝光棉和罗马布，外套采用密度极高的羽绒布作为面料，网布作为辅料；另外，采用近几年比较火爆的杜邦纸，给整个系列增加了不少光彩。

"行动主义"足球系列装设计

毕业优秀作品三等奖

设计师 / 时丹
指导老师 / 翟慧

    足球已然成为世界的第一大运动，四年一次的世界杯所带动的足球产业，也逐渐成为最有魅力的文化现象之一。作为足球文化的重要组成部分，各大球队运动服已不仅是一件衣服，而是成为一种标示性的符号。在足球服装设计里，以人体功能性需求为款式的设计基础，考虑到全民运动的需求和压力，结合跑步运动服的板型，并且考虑到休闲时尚舒适，并将时尚和运动相结合。通过自己真实的感受，贴近用户需求，以体验为前提来设计创作。

女性运动后修复及日常防护系列

毕业优秀作品三等奖

设计师 / 张烨
指导老师 / 王露

　　该设计是以实现设计师所提出的专门针对女性运动后修复以及日常的医疗防护为主题的服装。以30~40岁的女性为主，该设计针对运动后修复，在固定肌肉的同时增加了舒适性，满足女性对服装保暖性、防护性和运动后修复特性的需求。该设计在服装的保健功能上继续延伸，使服装起到运动后修复及日常防护作用。

瞬时加速度

毕业优秀作品三等奖

设计师 / 梁硕
指导老师 / 范晓虹

　　在此次双板滑雪系列成衣设计中，设计师首先考虑的是保暖、美观、舒适、实用这几个方面。选取红、白、蓝三种颜色为主色，不仅是从美观角度考虑，更主要的是从安全方面着想；其次在款式上，设计师保留滑雪服必备功能的同时增加了小部分反光面料的应用，同时选择防风、防水、耐磨、易打理的面料，延长衣服的寿命。另外这几款滑雪服还专门为装小物件设计了口袋。

随行而动

王露

Jane McCann

向东

范晓虹

刘洁

翟慧

随行而动

2016年度优秀设计作品

　　"随行而动"的设计主题，是指一种设计形式与功能之间的互动与平衡，用立体和空间的维度满足运动中身体的需求——让每一根线条、每一个细节都有存在的理由；让每一块材料都作用于人体微气候的变化；让每一种色彩都能激发源于生命本能的律动——让身体在运动中闪耀生命的光彩。

　　本次毕业设计结合专业特色核心运动装设计课程，以运动类服装与服饰设计方向为主，特别邀请英国运动设计教育专家Jane McCann教授加入指导教师团队，是一次专门针对运动装的设计研究与实践。作品中包括了骑行、夜跑、滑雪、街舞、瑜伽、网球、户外运动、科考探险与防护等多种运动类别。

　　学生们将前期的设计调研进行分析和总结，结合在校所学功能服装设计理论和技能；深入思考运动状态与身体舒适度之间的关系、极端运动姿态与服装板型之间的关系；在充分考虑不同运动项目中人体的吸湿、排汗、防风、透气、耐磨、安全等需求的基础上，合理进行服装结构设计，甄选适当的新型功能性面料，并尝试新技术在功能性服装中的应用；在设计中还融合了时尚趋势，创作出功能因素与审美因素平衡的富于创意的系列运动装及其服饰作品。

伪装者——功能性摄影类服装

优秀毕业设计作品二等奖

设计师 / 李盼
指导教师 / 翟慧

　　随着近几年旅游风潮的兴起，摄影也越来越普及，摄影找到日常中的美，将记忆保存到永远。然而摄影师自身对于着装的需求也在不断提高，本着遵循尊重大自然及周围一切环境和安全穿着的宗旨，为了更加满足摄影师的拍照姿态和器材放置的便捷性，从而进行了此次"以人为本"与"多功能口袋与衣身结合"的设计。

本真

优秀毕业设计作品一等奖

设计师 / 王楠
指导教师 / 范晓虹

　　设计作品选择以攀岩运动作为设计方向，在设计中追求的是回归自然、回归本心、回归真挚，体现一种更好地享受自然的乐趣，集生活与快乐于一体，是对生活方式的一种追求。随着现在人们生活条件不断得到改善，外出旅游成为现代人生活的一种追求，所以设计师选择了攀岩与外出露营相结合的场景来呈现设计理念。

新材料之劳动防护服

优秀毕业设计作品

设计师 / 畅辛丽
指导教师 / 王露

通过对矿工工作环境的深入调研，得出矿工服在防水、防风、防电、防尘、防瓦斯、耐磨、负重等方面还存在很大的改进空间，设计师采用高科技环保面料及护具，通过对矿工服的升级改造，在矿工服的护腰、护膝、护肩、护腕、防水、防尘、防瓦斯、耐磨、负重轻、时尚美观度等方面做出功能性的创新设计，并延展至其他防护服领域，使其适合更多行业工作者的需求。

滑Young

优秀毕业设计作品二等奖

设计师 / 冯晓
指导教师 / 翟慧

　　滑板新一代跳脱了刻板的时尚框架，混搭街头与休闲风格，将复古的滑板造型注入宽松的现代街头服饰，颠覆标准的滑板格调。灵感来源于回归最初始的滑板历史，向经典致敬，用街头的风格将街头滑板表现出一种新的回归的感觉。款式特征是休闲宽松、舒展性好、耐磨性好、易穿脱，采用防水防风面料、透气网格面料、耐磨涤纶、弹性太空棉、复合材料等面料。

迷失·未来

优秀毕业设计作品

设计师 / 王文娟
指导教师 / 王露

通过明星效应宣传环保理念，让消费者增强保护生态环境和可持续发展的意识，认识到再利用、再循环，使用环保材料来改变和减少时至今日仍然采用的有害物质。将哥特元素与环保结合，醒目的哥特文字和个性图案，给人以正能量的轻松感。服装整体运用 "飞" 型结构线进行设计，满足了运动的需求。

内 容 提 要

挥别21世纪转瞬而逝的二十年，健康已经成为全球关注的核心话题，对健康的关注为运动装市场带来巨大的发展空间。这二十年里，中华女子学院服装与服饰设计专业率先开设了运动装设计课程，并连续五年在中国国际大学生时装周的舞台上展示了近400套功能性运动装设计作品。

本书是将五年的设计作品汇集成册，分享了作品中融入的设计理念和特色，坚持运动装设计要保证穿着的合理性，要满足舒适性、保护性及运动自身规则和功效等因素，同时探索了运动装设计与纺织科技、智能可穿戴、可持续时尚的深度融合。在新型课程的教学指导中，强调了针对三维人体在运动状态下的特点进行创新设计；在设计中将可持续理念融入视觉的表达、材料的环保、裁剪与制作的技术等环节中；在细节上更具有诚意与包容之心，为热爱运动的人而设计。

图书在版编目（CIP）数据

运动N次方：中华女子学院艺术学院运动装创新设计优秀作品集：附视频/王露主编. --北京：中国纺织出版社有限公司，2021.5

ISBN 978-7-5180-8404-3

Ⅰ.①运… Ⅱ.①王… Ⅲ.①运动服—服装设计—作品集—中国—现代 Ⅳ.① TS941.734

中国版本图书馆 CIP 数据核字（2021）第 040697 号

责任编辑：金 昊 苗 苗　　责任校对：楼旭红
责任印制：王艳丽

中国纺织出版社有限公司出版发行
地址：北京市朝阳区百子湾东里 A407 号楼　邮政编码：100124
销售电话：010—67004422　传真：010—87155801
http://www.c-textilep.com
中国纺织出版社天猫旗舰店
官方微博 http://weibo.com / 2119887771
北京华联印刷有限公司印刷　各地新华书店经销
2021 年 5 月第 1 版第 1 次印刷
开本：889×1194　1/16　印张：8　附视频（二维码）：9
字数：137 千字　定价：188.00 元